玉米种子精选分级技术原理和操作指南

王建华　主编

中国农业大学出版社
·北京·

内容简介

本书在广泛调查杂交玉米种子的粒型(长、宽、厚)和粒重的基础上，筛选出厚宽比和宽长比两个指标参数用于玉米种子的精选分级参数设置，并制定出涵盖绝大多数玉米品种的大小和形状划分标准，研制出配套的分级筛板选择标准，自主开发精选分级实验电筛，在京科968玉米种子批中进行实践验证，表明所提出的玉米种子精选分级标准和分级筛板选择标准能够科学地将玉米种子进行高效准确分级。这些探索为实施规范化的玉米种子精选分级提供方法。

图书在版编目(CIP)数据

玉米种子精选分级技术原理和操作指南/王建华主编. —北京：中国农业大学出版社，2021.6

ISBN 978-7-5655-2562-9

Ⅰ.①玉… Ⅱ.①王… Ⅲ.①玉米-种子-分级-指南 Ⅳ.①S513.038-62

中国版本图书馆CIP数据核字(2021)第119172号

书　　名 玉米种子精选分级技术原理和操作指南

作　　者 王建华 主编

责任编辑 洪重光　　**封面设计** 郑 川

出版发行 中国农业大学出版社

社　　址 北京市海淀区圆明园西路2号　　**邮政编码** 100193

电　　话 发行部 010-62733489，1190　　读者服务部 010-62732336

编辑部 010-62732617，2618　　出 版 部 010-62733440

网　　址 http://www.caupress.cn　　**E-mail** cbsszs@cau.edu.cn

经　　销 新华书店

印　　刷 北京虎彩文化传播有限公司

版　　次 2021年6月第1版　2021年6月第1次印刷

规　　格 787×980　16开本　3.25印张　32千字

定　　价 20.00元

编写委员会

主　编　王建华

副主编　顾日良　胡睿智　袁志鹏

编　者　（按姓氏笔画顺序排列）

王建华（中国农业大学）
孙　群（中国农业大学）
李　莉（中国农业大学）
赵海燕（九圣禾种业股份有限公司）
胡睿智（中国农业大学）
袁志鹏（中国农业大学）
顾日良（中国农业大学）
魏国庆（九圣禾种业股份有限公司）

序　言

种子加工是指从收获后到播种前对种子进行的各项加工处理的全过程，是种子商品化的关键环节，它能够有效提高种子的净度、降低种子含水量、提高种子发芽率、提高种子活力，并促进种子外观均匀和防止种子病虫害传播。玉米是当前我国种植面积最大、产量最高的作物，年需种量超过 10 亿 kg。玉米种子在收获后到翌年播种前，需要经过一系列的加工过程。种子加工一般包括选穗干燥、脱粒预清、精选分级、包衣、包装和贮藏这 6 个过程。

种子精选分级利用不同种子间以及种子与杂质间存在的物理特性差异，通过机械设备和电子设备等来识别这些差异，将种子与杂质、破损粒、不饱满粒等分离，获得高净度、高纯度和高质量的种子。玉米种子通常依据种子的长度、宽度、厚度来进行精选分级。目前国际常用的方法是先按照种子形状分为圆粒和扁粒 2 种，再根据种子大小分为大、中、小 3 级，综合起来将种子分为 6 个组别。国内企业当前普遍仅对种子进行清选去杂，或者仅将种子分为 2 级或者 3 级，而且分级方法主要依靠生产人员的技术经验，没有标准化、系统化的操作指导。这常导致在玉米种子精选分级过程中因品种不同、批次不同，而无法高效地选择合适的分级筛，造成分级效果差，难以有效提高种子的商品性。

在国家重点研发专项"主要农作物种子活力及其保持技术研究与应用 2018YFD0100900""国家玉米产业技术体系专项 CARS-02-10"和农业部公益性行业（农业）科研专项"主要农作物高活力种子生产关键技术研究与示范"等项目的支持下，本手册编者通过分析杂交种玉米种子的物理参数，筛选出厚宽比和宽长比两个指标用于玉米种子的精选分级参数设置，并制定出涵盖绝大多数玉米品种的种子大小和形状划分标准，研制出配套的分级筛板选择标准，自主开发了精选分级实验电筛。然后在不同种子批中进行了实践验证，表明所制定的精选分级参考标准和分级筛板选择标准是有效的，能够科学地对不同类型玉米种子进行高效准确分级，显著提高分级后的种子均匀度、播种效率和出苗整齐度。本手册为实施规范化的玉米种子精选分级提供参考。

由于编者水平所限，本手册内容上难免存在错误和疏漏，恳请读者指正。

编者

2021 年 3 月

目　　录

第1章　玉米种子精选分级作用与原理

1.1　玉米种子精选分级作用

玉米是世界三大粮食作物之一。近十年来，玉米的种植面积不断增长（佟屏亚，2015）。2019 年全球玉米种植面积超过 1.9 亿 hm^2，约占粮食作物种植面积的 25%。我国是继美国之后的全球第二大玉米主产国，玉米种植面积约 4 500 万 hm^2，约占我国粮食种植面积的 39%。玉米是我国种植面积和产量最大的作物（国家统计局，2018）。

种子是有生命的农业生产基本资料，具有高科技含量的特性，也是农业技术和农业生产资料发挥作用的载体。我国玉米种子商品率达到 100%，年用种量超过 10 亿 kg（朱朝华，2008）。但我国玉米种子产业长期以来一直处于“一流的种子、二流的加工、三流的包装、四流的价格”的状态。我国玉米品种丰富，田间制种已经规模化和规范化，但在种子加工方面却远远落后于世界先进种子企业，主要表现在加工技术落后与管理体制不完善两个方面。这种落后制约了种子产后附加值的提高，阻碍了种子市场化和产业化的形成。种子公司即使有好的品种，也因加工、包装和销售等环节的短板，无法扩大市场占有率和提升企业效益（李小梅，2007）。

近年来，随着农村劳动力逐步向城市转移，农业生产机械化程度不断提升，玉米单粒播种技术得到快速推广。该技术不仅实现机械化播种替代人工播种，同时还减少种植管理中的田间间苗和定苗环节，节省大量的人力和财力（徐向东等，2015）；“一穴一粒”的精密播种方式，避免间苗过程对土层的破坏，在确保苗期土壤保墒的同时，还可减少植株间病害的传播；精细播种可确保植株在田间均匀分布，提高群体内植株的通风透光条件，从而提高群体的生产力和玉米种植效率。“单粒播”技术除了要求播种机自身具备优良性能外，还要求玉米种子具有高均匀度来保证播种质量，以及高种子田间出苗率来保证田间群体密度和实现最终的稳产和高产（孟庆瑞等，2009；邢茂德等，2013；任利沙等，2017）。

种子加工是指对种植作物的种子自收获到播种前所进行的各项处理的全过程，是提高种子质量的重要措施，也是种子商品化的关键环节。其主要目的是通过加工处理提高种子的净度、降低种子含水量、提高种子发芽率、提高种子活力、促使种子外观均匀、防止种子病虫害传播等（温海江等，2006；陈文艺，2016）。玉米种子加工一般包括选穗干燥、脱粒预清、精选分级、包衣、包装和贮藏等 6 个过程（蒋万启，2012；韩启杰，2016）。

种子精选分级是整个种子加工过程的核心步骤。它根据不同种类种子间以及种子与杂质间存在的显著物理特性差异，利用机械设备和电子设备等来识别这些差异，将种子与杂质、破损粒、不饱满粒等分离，生产出高净度、高纯度和高质量的种子（汤浩龙和和炳全，2012）。目前种子精选分级主要采用以下 5 种方式：

1. 根据种子粒型尺寸进行分离，即利用种子的长、宽、厚 3 个粒型尺寸指标来进行分离，如窝眼筒筛是按种子长度进行分离的，圆孔筛是按种子宽度进行分离的，长孔筛是按种子厚度进行分离的。

2. 根据空气动力学原理进行分离，种子批中不同组分的临界风速存在差异，利用这一特性可实现种子分级。

3. 根据种子密度进行分离，种子密度因种类、饱满度、含水量及受病虫危害的程度不同而有差异，优质种子与劣质种子或杂质的密度差异越大，则分离效果越好。

4. 根据种子的表面特性进行分离，不同种类种子表面形状和表面粗糙度不同，其对不同斜面摩擦系数就存在差异，利用这一差异性，可将种子进行分级。

5. 根据种子色泽进行分离，不同种类、不同成熟度种子的表面颜色往往存在显著性差异，利用这一特性可将种子进行分级（胡晋，2010；陈海军等，2010）。

通常按照玉米种子的长度、宽度、厚度对其进行精选分级。目前国际常用的方法是先按照种子的形状将种子分为圆粒和扁粒 2 种，再根据种子大小将种子分为大、中、小 3 个级别，从而将玉米种子精细分为6个组别，即大圆、大扁、中圆、中扁、小圆和小扁。通过精细分级后的种子更便于机械精量播种。国内玉米种子企业普遍仅对种子进行清选去杂，或仅将种子分为2级或者3级（郭文忠，2003；全荣军，2010）；而且分级方法主要依靠生产人员的技术经验，没有标准化、系统化的精选分级操作指导。在玉米种子精选分级过程中，因品种不同、批次不同，往往无法高效地选择合适的分级筛，造成精选分级效果差或分级效果不稳定，降低种子商品性。

随着玉米种植对高质量种子需求的提升，近年来玉米种子企业开始逐渐重视对种子进行分级。由于缺乏统一的精选分级方法，市场上的玉米种子的形状、大小和整齐度差异很大，难以匹配播种机下种盘的规格，直接影响种子的机械播种质量和效率，进而影响种子的播种均匀度、出苗均匀度以及玉米的最终产量。实施规范化的种子精选分级，按不同级别匹配合适的播种机下种盘，才可实现高质高效的机械单粒播种。精选分级获得整齐度高的玉米种子批，其百粒重的变异度小，对于种子计重包装，可显著提高计重精度，减少过量包装给企业带来的额外经济损失。此外，精选分级剔除发芽率低、活力差的部分种子，从而间接提高种子批的发芽率及活力，获得高质量的玉米种子批（邢茂德等，2013；苏建东等，2014）。

通过对多种杂交种玉米种子的物理参数进行探究分析，找出合适的物理参数用于设置玉米种子的精选分级方法；制定精选分级标准，为玉米种子精选分级提供参数化、数据化的指导方法；在此基础上，编者编写本手册。本手册主要内容为一套高效的精选分级加工工艺和该工艺在多个种子批中进行实践的总结，可为玉米精量播种提供参考。

1.1.1　玉米种子精选分级与种子包装

随着各类种子商品化的不断推进，种子包装变得尤为重要。我国自改革开放以来实行种子包装后，种子包装机的发展速度、精密度、准确度均落后于发达国家或地区，包装技术也与发达国家或地区存在差距。大多数欧美种子公司 20 世纪就已在很多种类的种子上采用计数包装，代替传统的计重包装。采用计数包装的目的在于节约种子、提高种子价值、降低企业成本、增加企业利润。种子包装方式的转变也与农业种植模式的转变以及种子生产加工的质量提高有关。近几十年来，我国农业种植模式发生了巨大转变，从之前的粗放式人工种植到当前的精细化、机械化种植；种子生产加工也从以前的小规模、小作坊加工转变为如今的规模化、工厂化加工。随着种子质量的日益提高和种植方式的转换，种子的包装方式也从计重散装、大袋包装发展到计数罐装、小袋包装。种子精选分级加工在该过程中扮演极为重要的角色，高质量、高效率的种子精选分级加工工艺生产出高质量、高整齐度的待包装商品化种子，进一步提升所生产种子的商品性。以我国玉米种子包装为例，此前的包装多采用每袋 2～10 kg 的计重包装，随着单粒播种的推广，生产者开始核算每亩的种植株数，因此玉米种子包装已逐步采用每袋 4 000～

8 000 粒种子的按粒包装。我国种子计数包装机普及率还较低，大多数种子企业以计重包装为主要包装方式。为了适应按粒包装的需求，种子企业普遍采用粒数/千粒重进行换算包装。在采用该方法进行包装时，易因种子的千粒重误差而造成包装误差。为确保包装粒数达到额定粒数，企业在包装过程中往往采用溢出包装的方式来保障企业信誉。溢出率会随着种子均匀度的提高而降低，从而降低企业成本。降低溢出率的办法有两种：①在种子包装前通过精选分级处理来提高种子的均匀度、整齐度，从而减少千粒重误差；②通过购买新型包装机械进行精确计数包装（杨苑，2009；袁双孝，2010；张希颜等，2015）。

1.1.2 玉米种子精选分级与播种

徐恩斌（2014）在种子处理分级与精密排种器适应性研究中指出，不同尺寸的种子使用不同孔径尺寸的气吸式排种器或不同尺寸的勺盘式排种器可提高排种器的播种性能，从而提高播种质量。孙明涛（2013）在玉米单粒和精量播种对种子质量要求的研究中指出，单粒或精量播种除了要求较高的种子的发芽率和纯度外，还要求种子群体具有较高的一致性，才可以保证播种质量和田间出苗质量。孙士明等（2015）的研究也表明，分级后的不同形态的玉米种子的播种性能差异较大，圆形种子的播种性能优于扁形种子，同一形状不同大小的种子在不同类型排种器上的播种性能也有差异。

近 20 年来，我国玉米生产耕作模式经历了 3 次大的变革：

第一次变革是以郑单 958 为代表的密植中穗品种取代以豫玉 22 为代表的稀植大穗品种，密植耕作方式取代稀植耕作模式；第二次变革是使用先玉 335 为代表的玉米品种进行精量播种，开创了我国单粒机械播种的先河，精量播种耕作模式取代传统粗放耕作模式；第三次变革是目前的玉米生产全程机械化种植模式即将取代传统人工为主的种植模式，实现玉米生产从播种、施肥、植保直至收获的全程机械化作业（叶献伟，2014）。

随着“单粒播”技术的推广和被种植户接受，越来越多的地区开始采用这一播种方式。虽然该技术在我国已经推广多年，但在实际生产中依旧存在较大问题。以 2011 年玉米种植为例，有超过一半的农民采用了“单粒播”技术，但采用该技术田块的田间种子出苗率普遍不高，一般田块的田间出苗率达到 70%～80%，但较低田块的田间出苗率仅有 30%～40%（毛朝军，2011）。出现这一现象的主要原因有：

1. 种子质量达不到单粒播种的要求。我国现行采用的玉米种子质量标准为《粮食作物种子　第 1 部分：禾谷类》（GB 4404.1—2008），该标准要求的常规玉米种子发芽率为不低于 85%，而研究表明采用单粒播技术，不造成群体减产的种子发芽率要求至少为 90%（任利沙等，2017）。

2. 播种机械、播种技术与我国当前土地制度不匹配。我国现行的土地承包制在一定程度上制约了农业机械化的发展。精密播种机一般都需要较大的动力来驱动，当前我国农用拖拉机主要以小型动力为主。我国当前农业从业人员知识水平较低，又缺乏专业的机械技能培训和指导，播种机作业技术不熟练，这些短板易造成播种株距不一致，覆土不均匀，籽粒深浅不一，甚至出现籽粒未播入土层的现象。

3. 种子均匀度达不到单粒播种的要求。在机械播种时，大粒种子易出现磕籽现象，导致漏播；小粒种子易出现多下现象，导致重播。整齐度低的种子采用一个规格的播种器时易产生漏播或重播现象，从而影响播种均匀度和植株分布均匀度（Li 等，2019）。

4. 农民知识水平低。一部分农民在购买种子时不关注所购种子的质量标准，错把普通低活力种子当作高活力的"单粒播"种子来进行播种，导致缺苗断垄情况出现，造成了巨大的经济损失（张世煌，2008；张永峰，2013；密其华，2015；刘合军等，2016）。

在玉米单粒播技术必然取代传统播种技术的情况下，种子生产企业唯有不断提高玉米种子的质量，配以农机技术的发展、土地流转政策的加强和玉米单粒播技术的培训，促进我国玉米生产全面机械化的实现，在进一步解放农村生产力、提高玉米田间单产的同时最终提高农民收益（孙海艳等，2014；张迅和卢勇涛，2017）。

1.1.3 玉米种子精选分级与植株田间表现

国内外的研究发现，玉米种子精选分级后的田间产量优于未分级种子的田间产量。分级后的种子在田间的出苗整齐度提高，从而减少大小苗现象，提高群体的田间整齐度和实现最终的高产(宋雪等,2011)。李本庆(1992)的研究发现,玉米种子分级后的各级种子的幼苗素质优于未分级种子的幼苗素质,变异系数也小于对照组;樊瑞多等(2013)在种子分级精选对杂交玉米植株性状和产量及其构成的影响中指出,精选分级能进一步提高玉米种植的田间产量;毛振荣(2010)在玉米种子分级播种与产量及质量关系的研究中指出,通过精选分级种子可显著提高玉米的生长整齐度、优化植株性状和保障群体质量。

1.2　玉米种子精选分级原理

1.2.1　玉米种子的粒型分布

收集玉米杂交种种子样品 275 份,其中 256 份购自 2015 年的东北、华北、西北和西南四大玉米种植区的种子市场,13 份购自 2016 年的保定市农资市场,6 份来源于制种田收获的果穗经自然晾晒脱粒后的原始种子。

通过对 269 份市售玉米种子包装标识信息的识别,发现按照粒数和按照质量包装的样品比例为 7∶3,说明大多数种子已经采用了按粒包装的模式以适应“单粒播”的要求。通过测定粒重、发芽势、发芽率等指标,发现所收集的种子的发芽率均符合国家玉米种子质量标准要求(≥85%),但品种间存在显著性差异。特别是包装数量上,即使是同一品种的不同批次也存在很大差异。例如，有 6 份同一品种但不同公司生产的不同批次种子，与从生产基地获得的原始种子相比，其中 4 份种子的整齐度与原始种子相比没有显著差异，说明部分市售种子可能没有经过精选分级这一加工工艺处理。此外，这 6 份种子的包装溢出率差异也很大，最小的溢出率为 0.35%，而最大的溢出率达到 8.45%。考虑到当前的玉米种子包装方式依然是质量分装，推测当种子粒型（粒重）不均匀时，粒数折算质量时的误差就比较大。为保证粒数达到标识要求，企业只能通过质量溢出的方式来确保粒数达标（表 1-1）。过高的溢出率给种子生产企业造成了巨大的经济损失。

分析还发现种子净度、种子发芽率与种子整齐度间存在显著性正相关（表 1-2）。推测原因可能是：高整齐度的种子批必定经过精选分级加工过程，在该过程中，去除了杂质和破粒种子的同时也除掉了特小粒种子和特大粒种子，保留下高整齐度的高发芽率种子。一个品种的小粒种子主要来源于果穗顶部，研究表明该部位种子的发芽率显著低于果穗中部种子的发芽率；而一个品种的大粒种子主要是果穗基部的种子，该部分种子在加工过程中更易受到机械损伤，从而导致发芽率显著低于果穗中部种子的发芽率（Gu 等，2019）。因此，特小粒和特大粒种子的发芽率都偏低。

以上实验结果表明，目前我国玉米种子质量相关的指标，包括发芽率、含水量、净度等，基本上都符合国家质量标准，但种子的整齐度普遍较差。种子整齐度较差的种子批不但影响包装精确度，增加企业生产成本，还会因精选分级效果不显著，影响种子发芽率，从而降低种子的价值。

计算机视觉技术是指计算机模拟或再现与人类视觉行为的智能技术。该技术利用各种成像系统来代替人类的视觉器官作为输入手段，由计算机代替人脑完成识别图像的处理与分析（吴

表 1-1　不同公司生产的某品种种子批的包装标识和种子质量指标

项目	种子批						CK
	A	B	C	D	E	F	（对照）
标识粒数	4 000	4 000	4 000	4 000	4 000	4 000	—
实测粒数	4 050	4 120	4 018	4 338	4 014	4 030	—
标识发芽率/%	92	92	92	92	92	90	—
实测发芽率/%	96*	95*	92	95*	92	89	94
种子含水量/%	12.50	12.60	12.00	12.75	11.72	12.02	12.01
种子净度/%	99.92	99.95	99.34	99.54	99.46	99.48	95.21
种子整齐度	93.65 a	90.50 b	89.45 bc	90.62 b	89.89 bc	89.71 bc	89.02 c

注：种子批编号 A～F 表示不同公司生产的同一品种种子，“CK”为从生产基地获得的原始种子；

* 表示在 $\alpha=0.01$ 的检测水平下实测发芽率与标识发芽率具有极显著性差异；

数字后面的不同小写字母表示种子整齐度在 $\alpha=0.01$ 的水平上差异显著，种子整齐度以种子批宽度值的整齐度来表示，种子整齐度$=\frac{x-s_0}{x}\times100$，式中 s_0 表示种子批宽度值的标准差，x 表示种子批宽度值的平均值。

表 1-2　种子净度、发芽率与整齐度的相关性分析

	种子净度/%	种子发芽率/%	种子整齐度
种子净度/%	1		
种子发芽率/%	0.76**	1	
种子整齐度	0.73**	0.70*	1

注：“*”“**”分别表示在 $\alpha=0.05$ 和 $\alpha=0.01$ 的检测水平下具有显著性和极显著性相关。

健康，1993；夏德深和傅德胜，2004）。计算机视觉识别技术自20世纪50年代在二维图像分析识别中开始应用，经过不断发展与完善，已经演变为一门涵盖人工智能、图像处理、模式识别等相关领域的成熟学科，至今已广泛应用于卫星遥感、生物医学、公共安全、工业和农业等领域（刘传才，2002；Tao和Wen，1999）。计算机视觉技术无须接触测定对象，具有无损检测的优点，这些特点使其在农业科学领域得到不断发展延伸。中国农业大学研发的Seed Identification视觉识别软件可以进行玉米种子的物理参数测定，具有快速准确、成批次测量与种子形状、大小、颜色等相关的物理指标的优点（王传宇等，2011）。

从每份样品中随机取样400粒种子，分为4组，每组100粒为一个重复，使用百分之一天平测量每一份样品的百粒重；然后使用种子扫描仪扫描每一个重复的所有100粒种子，扫描时将种子胚面朝上放入扫描平面上，扫描获得种子平面投影图像。图像经Seed Identification软件识别后，该软件可获得种子的长度和宽度；再将种子垂直插入橡皮泥中扫描种子的垂直投影，Seed Identification软件识别后可获得种子的厚度（图1-1）。

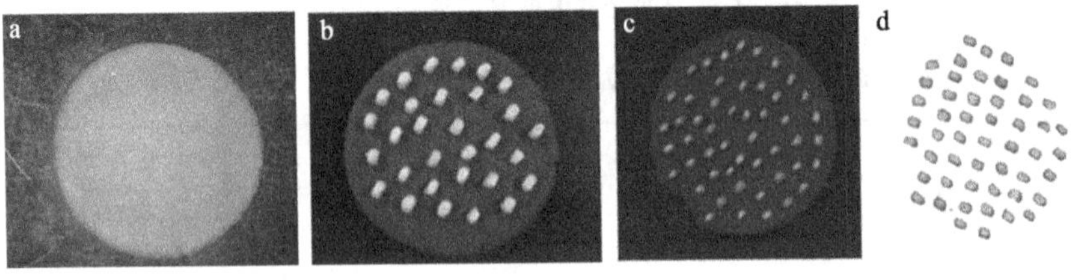

图1-1　种子形状、大小指标测量操作

a. 扫描平面；b. 置入种子；c. 扫描图片；d. 提取种子粒型图片

通过数据分析，发现所测的 269 份玉米杂交种种子主要有马齿型、半马齿型、硬粒型、半硬粒型 4 种类型，其中长度变异范围最大的是半马齿型种子，极差为 5.30 mm；宽度变异范围最大的是马齿型种子，极差为 4.08 mm；厚度变异范围最大的是半硬粒型玉米种子，极差为 4.09 mm；千粒重变异范围最大的是硬粒型玉米种子，极差为 250.48 g。综合表 1-3 可知，我国市售玉米种子的形状和大小的变异范围较大，长度范围为 7.22～13.15 mm，极差为 5.93 mm；宽度范围为 6.56～10.84 mm，极差为 4.28 mm，厚度范围为 3.99～8.59 mm，极差为 4.60 mm。

表 1-3　不同粒型玉米种子粒型参数的分布范围

种子类型	长度/mm	宽度/mm	厚度/mm	千粒重/g
马齿型	7.78～12.26 (4.53)	6.76～10.84 (4.08)	4.38～8.01 (3.63)	251.50～465.23 (213.73)
半马齿型	7.85～13.15 (5.30)	6.56～10.24 (3.68)	4.61～8.59 (3.98)	250.27～461.21 (210.94)
硬粒型	7.22～11.86 (3.68)	6.85～9.94 (3.09)	4.58～7.32 (2.74)	178.13～428.61 (250.48)
半硬粒型	8.12～12.02 (3.90)	7.24～10.18 (2.94)	3.99～8.08 (4.09)	233.56～417.72 (184.16)

注：表中数值均为某一品种种子的各参数平均值；表中括号里的数值为该参数平均值的极差。

1.2.2　玉米种子形状指标的确定与划分

种子整齐度又称为种子均匀度，代表了种子形状和大小均匀一致性。国内外对玉米种子均匀度的研究较少，少量研究表明,玉米种子的整齐度与播种品质有一定关系。为了方便研究,本书将玉米种子整齐度指标分为形状划分指标和大小划分指标两大类。

前人研究中按种子粒型将玉米杂交种种子划分为圆粒、长粒、扁粒3种类型。后来,郝建平等(2008)通过视觉技术测量了与玉米种子形状、大小相关的参数,通过聚类分析发现玉米种子大小与形状在不同基因型品种之间存在很大差异,可依据粒长、宽、厚、面积和宽厚比将玉米种子的大小和形状进行分级,其图像分析预测结果与机械筛筛选的实测结果相关系数达到0.86～0.89。从不同品种各参数的变异系数看,玉米种子的椭圆度变异系数最高为21.1%,比最低的凹凸比变异系数高35倍,说明不同品种间种子的扁圆程度的差别很大,由此,推断种子宽长比或宽厚比比单纯的长、宽、厚更能区分不同粒型的种子。

通过计算上述269份玉米杂交种种子的厚宽比,发现其值域为(0,1],宽长比的值域为(0,1]。从图1-2可知,种子的厚宽比越接近于1,则表示种子的顶部投影越接近于圆形,种子的厚宽比

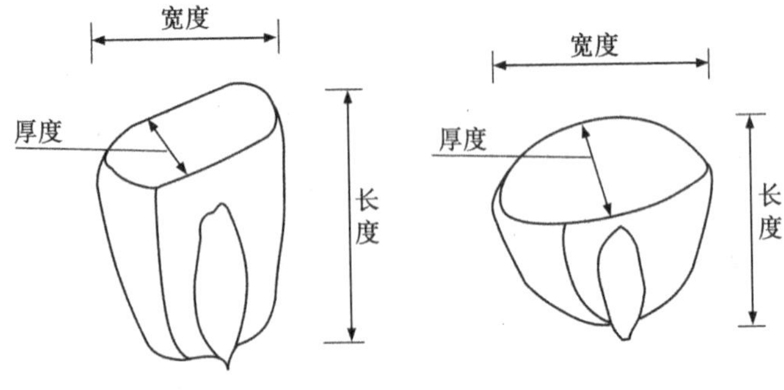

图1-2 玉米种子长、宽和厚度测量

越小则表示种子的顶部投影越接近于长方形。种子的宽长比越接近于1则表示种子胚面的投影越接近于圆形，宽长比越小则表示种子胚面的投影越接近于长方形。利用 SPSS 软件分别对种子的厚宽比和宽长比进行聚类分析，并获得各聚类的中心值。考虑数据运行量，本手册以 269 份种子中的 6 份不同批次的京科 968 和 6 份不同批次的郑单 958 为材料，测量每一份种子的粒型参数分布，包括种子长度、宽度、厚度、投影面积等，再计算每份材料每一粒种子的宽长比和厚宽比，如表 1-4 所示。对京科 968 和郑单 958 种子的宽长比和厚宽比进行聚类分析，先后设置分类分组数为：2、3、4、5、6 组共 5 种分组，然后利用 BWP 检测法[注]，分析玉米种子宽长比和厚宽比聚类分组的最佳分组数（表 1-4 和表 1-5）。

[注] 聚类分析是指通过无监督训练，将数据分类到不同的类或者簇的一个过程。同一个类中的对象有很大的相似性，而不同类间的对象具有较大的相异性（孙吉贵等，2008；吴晓蓉，2008）。聚类分析是一种探索性的分析，在分类的过程中，不必事先给出一个分类的标准或者模型，而是仅从样本数据本身出发，自动进行分类。聚类分析通常会因所使用方法的不同，而得到不同的结论，因此会出现不同研究者对同一组数据进行聚类分析，得到不一致的聚类数的现象。聚类分析的聚类算法很多，随着各种新思想和新理论的不断推出，聚类分析在数据的实际应用已变得更加成熟。自 MacQueen（1967）提出在给定聚类数和初始聚类中心的条件下，通过样本各自归属的聚类中心的距离平方和最小的 K-均值算法以来，Kaufman 和 Rousseeuw（1990），Zhang 等（1999）又相继提出了 PAM (partitioning around medoids)算法、BIRCH(balanced iterative reducing and clustering using hierarchies)算法等。聚类分析的算法日渐丰富多样,可满足不同数据集的聚类分析需求。BWP是周世兵等(2010)提出的一种基于样本的几何结构设计的确定聚类类别数的评价指标,该指标利用聚类结果的类内紧密性和类间分离性来衡量聚类结果,指标值越大表示聚类结果的类内越紧密而类间越远离,聚类结果越好。

表 1-4 不同批次玉米种子的宽长比聚类分组 BWP 值

种子批	聚类分组组数					最佳分组数
	2	3	4	5	6	
京科 968-1	0.917	0.677	0.470	0.247	−0.023	2
京科 968-2	0.952	0.590	0.329	0.071	−0.235	2
京科 968-3	0.874	0.793	0.311	0.112	−0.197	2
京科 968-4	0.884	0.781	0.386	0.325	0.045	2
京科 968-5	0.868	0.834	0.520	0.019	−0.286	2,3
京科 968-6	0.945	0.734	0.589	0.162	−0.187	2
郑单 958-1	0.904	0.767	0.417	0.057	−0.277	2
郑单 958-2	0.936	0.747	0.455	0.392	0.024	2
郑单 958-3	0.946	0.752	0.412	0.190	−0.129	2
郑单 958-4	0.928	0.716	0.365	−0.104	−0.321	2
郑单 958-5	0.941	0.763	0.549	0.068	−0.286	2
郑单 958-6	0.895	0.671	0.381	0.177	−0.184	2

表 1-5　不同批次玉米种子的厚宽比聚类分组 BWP 值

种子批	聚类分组组数					最佳分组数
	2	3	4	5	6	
京科 968-1	0.927	0.795	0.522	0.115	−0.175	2
京科 968-2	0.959	0.722	0.536	0.208	−0.150	2
京科 968-3	0.959	0.829	0.480	0.136	−0.164	2
京科 968-4	0.962	0.826	0.564	0.325	−0.094	2
京科 968-5	0.953	0.797	0.545	0.391	0.013	2
京科 968-6	0.962	0.830	0.533	0.190	−0.146	2
郑单 958-1	0.955	0.814	0.485	0.222	−0.125	2
郑单 958-2	0.964	0.826	0.571	0.372	0.127	2
郑单 958-3	0.950	0.824	0.581	0.168	−0.155	2
郑单 958-4	0.912	0.845	0.440	0.122	−0.187	2
郑单 958-5	0.933	0.830	0.551	0.484	0.214	2
郑单 958-6	0.970	0.602	0.479	0.051	−0.238	2

由表 1-4 和表 1-5 可知，随着聚类分组的组数增加，京科 968 和郑单 958 玉米杂交种种子的宽长比与厚宽比聚类分组各分组的 BWP 值均逐步减小。因 BWP 值的值域为(1，−1)，越接近 1 表明分类的有效性越好，越接近于−1 表明分类的有效性越差。在表 1-4 和表 1-5 中京科 968 和郑单 958 种子的宽长比与厚宽比聚类分组数为 2 时的 BWP 值均为最大，说明种子的宽长比和厚宽比聚类分组分为两组为最适分组。为了确定将宽长比值和厚宽比值分别分为两组的具体指标，我们选用种子批的平均宽长比值(或平均厚宽比值)、宽长比值(或厚宽比值)聚类分组为两类的小类最大值和大类最小值的平均值，以及宽长

比值(或厚宽比值)聚类分组为三类的中间类中心值作为参考指标,分别计算了这3项指标在同一品种不同批次种子中的变异系数,结果如表1-6所示。6份京科968种子厚宽比的平均值的变异系数为1.520%,宽长比的平均值的变异系数为4.060%;厚宽比的聚类分组为两组时的小类最大值和大类最小值的平均值的变异系数为1.300%,宽长比的小类最大值和大类最小值的平均值的变异系数为3.050%;厚宽比的聚类分组为三组的

表1-6 京科968和郑单958种子厚宽比分离值、宽长比分离值的检验

品名	批次	厚宽比			宽长比		
		Average	Average*	Median*	Average	Average*	Median*
京科968	1	0.777	0.797	0.773	0.723	0.769	0.740
	2	0.781	0.783	0.800	0.677	0.718	0.712
	3	0.809	0.809	0.794	0.662	0.725	0.685
	4	0.785	0.789	0.779	0.708	0.763	0.724
	5	0.805	0.814	0.807	0.692	0.747	0.688
	6	0.796	0.798	0.790	0.748	0.780	0.737
	d	0.032	0.031	0.035	0.086	0.063	0.055
	cv/%	1.520	1.300	1.490	4.060	3.050	3.040
郑单958	1	0.694	0.736	0.712	0.812	0.833	0.794
	2	0.729	0.749	0.745	0.820	0.837	0.812
	3	0.700	0.735	0.718	0.866	0.849	0.850
	4	0.689	0.737	0.705	0.864	0.862	0.857
	5	0.744	0.765	0.736	0.821	0.825	0.794
	6	0.660	0.698	0.684	0.861	0.869	0.853
	d	0.084	0.067	0.061	0.054	0.044	0.064
	cv/%	4.250	3.000	2.770	2.750	1.850	3.320

注:Average、Average*、Median*分别表示种子批的宽长比平均值(或厚宽比平均值)、宽长比值(或厚宽比值)聚类分组为两组时的小类最大值和大类最小值的平均值,宽长比值(或厚宽比值)聚类分组为三组的中间类中心值。cv为变异系数。

中间类中心值的变异系数为 1.490%，宽长比的聚类分组为三组的中间类中心值的变异系数为 3.040%。6 份郑单 958 种子厚宽比的平均值的变异系数为 4.250%，宽长比的平均值的变异系数为 2.750%；厚宽比的聚类分组为两组时的小类最大值和大类最小值的平均值的变异系数为 3.000%，宽长比的小类最大值和大类最小值的平均值的变异系数为 1.850%；厚宽比的聚类分组为三组的中间类中心值的变异系数为 2.770%，宽长比的聚类分组为三组的中间类中心值的变异系数为 3.320%。

通过对种子厚宽比(或宽长比)的平均值、厚宽比(或宽长比)聚类分为两组的小类最大值和大类最小值的平均值、厚宽比(或宽长比)聚类分为三组的中间类中心值的平均值这三项指标进行综合比较分析，发现以种子厚宽比(或宽长比)聚类分为两组的小类最大值和大类最小值的平均值作为分组指标最为合适，此时种子批间的变异系数最小，由此选用厚宽比(或宽长比)聚类分为两组的小类最大值和大类最小值的平均值为种子厚宽比(或宽长比)的分离值。

通过上述的厚宽比分离值可将玉米杂交种种子分为两种形状：顶部投影为长方形或近长方形(厚宽比值小于厚宽比分离值的种子，厚宽比值越小种子越接近长方形)和圆形或近圆形(厚宽比值大于厚宽比分离值的种子，厚宽比值越接近于 1 种子越接近圆形)；通过宽长比分离值可以将其分为两种形状：胚面或胚乳面投影为圆形或近圆形(宽长比值大于宽长比分离值的种子,比值越接近于 1 的种子越接近圆形)和长方形或近长方形(宽长比值小于宽长比分离值的种子,比值越小的种子越接近长方形)。综合厚宽比分离值和宽长比分离值可以将玉米杂交种种子分成 4 种形状,即:圆粒、长圆粒、扁粒、长扁粒(图 1-3)。为了方便后续工作,我们用字母“R”表示圆粒(round),字母“OR”表示长圆粒(obround),字母“F”表示扁粒(flat),字母“OL”表示长扁粒(oblong)(图 1-4)。

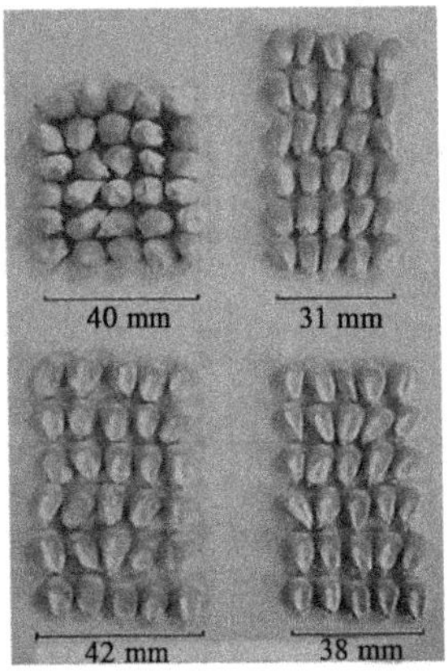

图 1-3　玉米杂交种子的形状

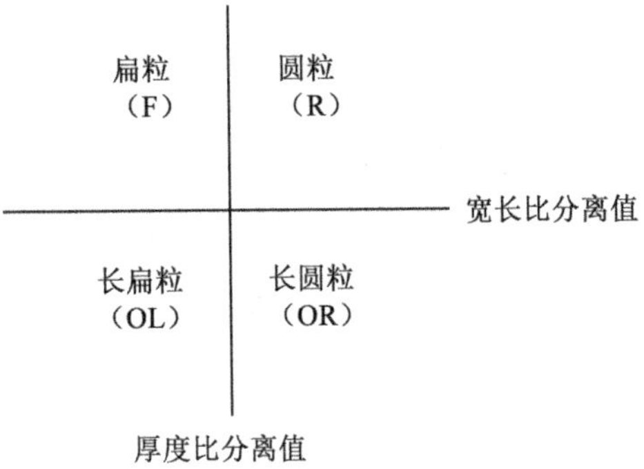

图 1-4　玉米种子形状划分

注:水平线以上表示宽长比大于宽长比分离值的种子,水平线以下表示宽长比小于宽长比分离值的种子;垂直线以右表示厚宽比大于厚宽比分离值的种子,垂直线以左表示厚宽比小于厚宽比分离值的种子。

随机选择 19 份玉米样品种子批,分析了它们的宽长比分离值和厚宽比分离值随种子平均宽度值的变化趋势,发现种子批的宽长比分离值随着它们的平均宽度值的增加呈增加趋势(相关系数为 0.91；图 1-5）；厚宽比分离值随着种子批的平均宽度值的增加呈递减趋势（相关系数为 0.94；图 1-6）。这些结果说明玉米种子批的平均宽度值越大，其宽长比分离值越大，而厚宽比分离值越小。

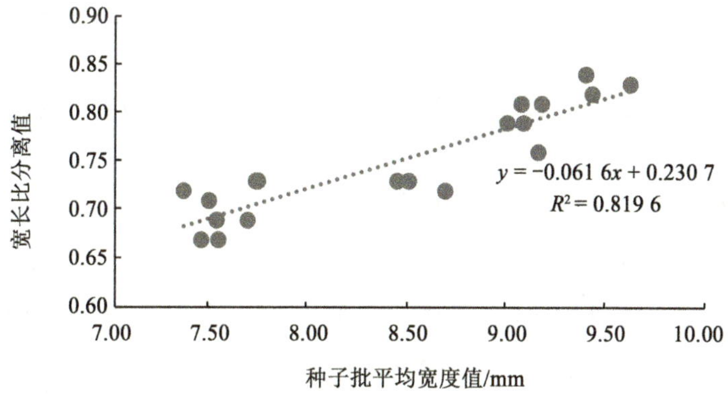

图 1-5　种子批平均宽度值与宽长比分离值变化

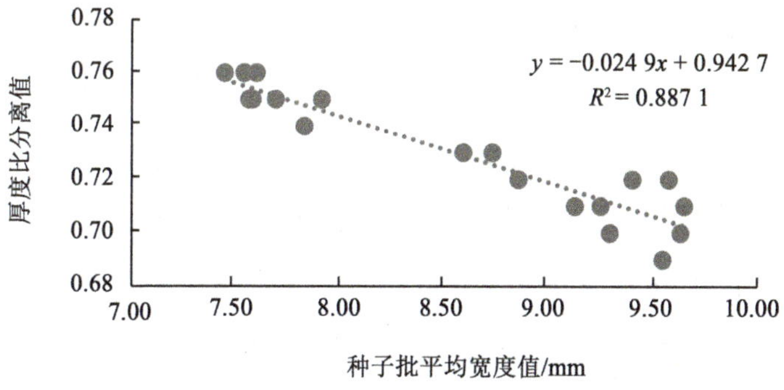

图 1-6　种子批平均宽度值与厚宽比分离值变化

1.2.3 玉米种子大小指标的确定与划分

玉米种子大小划分的目的是提高其大小整齐度。本手册选择宽度值作为特征参数，对玉米种子大小进行精细分级，并采用标准差(σ)、变异系数倒数(1/cv)、整齐度($RD=\frac{\overline{x}-s}{\overline{x}}\times 100\%$)、相对整齐度($Ru=\frac{s_0-s}{s_0}\times 100\%$)四项指标来综合评估划分后的种子组的种子大小整齐度。

测量获得256份大田玉米种子的宽度值，值域为(4.08 mm，12.84 mm)。为了方便研究，对宽度值域取整后设置为(4 mm，13 mm)，并假设在种子群体里，宽度值每增加0.1 mm仅有一粒种子，则可将所有品种的种子大小分布简化为90粒种子的大小分布。前人研究通常将玉米种子的大小分为大、中、小3个级别，本手册也采用这一基本分级方法，但在此基础上，又对每一个级别分别进行精细分组。精细分级的测量不同，导致分级结果各不相同。具体潜在的分级方案有6种，分别为：方案一，分为大、中、小三个大级，共分为3组；方案二，大、中、小三个大级下又各分为2组，共分为6组；方案三，大、中、小三个大级下又各分为3组，共分为9组；方案四，大、中、小三个大级下又分别分为4组，共分为12组；方案五，大、中、小三个大级下又分别分为5组，共分为15组；方案六，大、中、小三个大级下又分别分为6组，共分为18组。考虑到生产上以宽度值为指标的玉米种子大小分级主要通过圆孔筛板的筛选来实现，而我国现行的国家标准[《长圆孔、长方孔和圆孔筛板》(GB/T 12620—2008)]中规定:筛孔孔径在 5～12 mm 时,每隔 0.5 mm 设一个筛板尺寸。在现行国家圆孔筛板孔径标准下,9 mm 的范围总共涉及 18 个筛板,方案四和方案五需要分为 12 或 15 组,因此无法通过圆孔筛板筛选实现分级,需要舍弃。

然后利用 19 份种子批对上述方案一、方案二、方案三和方案六 4 种分级方案进行分级前后种子大小整齐度的效果评价。结果发现,随着分组的增多,种子宽度值的标准差逐步变小,各分组的平均变异系数的倒数和相对整齐度(Ru 法)逐渐增大。这说明随着分组的增多,各组的组内变异减小,即组内的种子整齐度获得提高。在同一划分方案内,各组间的标准差相等,但各组的变异系数与整齐度都随着种子宽度平均值的增大而增大,而相对整齐度却没有明显变化,因此选用相对整齐度(Ru 法)作为分级方案的主要评估指标。比较 4 种分级方案可知,方案一和方案二:分组少,组内标准差较大,虽然相对整齐度已有显著性提高,但相比于方案三和方案六,其种子大小的相对整齐度提高程度较小;方案三:组内标准差较小,相对整齐度极显著性提高;方案六:虽然组内标准差极小、相对整齐度极极显著性提高,但分组较多,操作烦琐(表 1-7)。因此,最终选择方案三作为最合适的种子大小划分方案,即种子宽度每隔 1 mm 划分一个小级别,每隔 3 mm 划分为一个大级别,从而将玉米种子大小划分为 9 个不同级别(表 1-8)。

表 1-7　各划分方案所得分组的种子大小整齐度评价

处理组	标准差	各分组平均变异系数倒数(1/cv 法)	各分组平均整齐度(RD 法)	相对整齐度(Ru 法)
初始组	2.600	3.253	69.256 D	—
方案一	0.866	9.763	88.772 C	66.710
方案二	0.432	19.558	97.548 B	83.383
方案三	0.287	29.419	98.914 A	88.953
方案六	0.158	50.280	97.813 B	93.919

注:1.初始组为未进行任何精选分级处理的假设种子群体;2.变异系数倒数和整齐度(RD 法)都与分组组内平均数相关,因此同一方案内各分组的变异系数和整齐度都随着组内平均数的增大而增大,而标准差和相对整齐度与平均数无相关性,为了方便统计分析,表中采用了各分组平均变异系数倒数和各分组平均整齐度;3.不同字母表示在 $P=0.01$ 水平下存在极显著性差异。

表 1-8　玉米种子大小分级及各分级指标参数

大级别		小级别		宽度范围/mm
级别	标签	级别	标签	
小粒	S	特小粒	XXS	$W<5.0$
		较小粒	XS	$5.0\leqslant W<6.0$
		小粒	S	$6.0\leqslant W<7.0$
中粒	M	中小粒	MS	$7.0\leqslant W<8.0$
		中粒	M	$8.0\leqslant W<9.0$
		中大粒	ML	$9.0\leqslant W<10.0$
大粒	L	大粒	L	$10.0\leqslant W<11.0$
		较大粒	XL	$11.0\leqslant W<12.0$
		特大粒	XXL	$12.0\leqslant W$

注:“S”表示小粒(small),“M”表示中粒(middle),“L”表示大粒(large),“X”表示增加(extra),“*W*”表示宽度(width)。

1.2.4 玉米种子精选分级的原则和流程

玉米种子的加工过程会对种子造成机械损伤，从而造成种子发芽率降低、活力下降，因此精选分级加工应尽可能一次性实现分级。通过对玉米种子进行形状和大小分级，可将形状相同、大小相似的种子分在同一组，从而显著提高各分组内的整齐度。结合玉米种子形状的4个分级和大小的9个分组（图1-3；表1-8），可将玉米种子分为理论上的36组。对19份玉米种子材料的分析发现，当种子宽度值小于7 mm时，玉米种子群体里不存在扁粒和圆粒种子；当种子宽度值大于10 mm时，不存在长扁粒种子和长圆粒种子，因此最终将玉米种子分为24组（表1-9）。

表1-9 玉米种子精选分级标准

种子大小	种子形状	级别	标签
大粒	扁粒	特大扁粒	F-XXL
		较大扁粒	F-XL
		大扁粒	F-L
	圆粒	特大圆粒	R-XXL
		较大圆粒	R-XL
		大圆粒	R-L

续表1-9

种子大小	种子形状	级别	标签
中粒	扁粒	中大扁粒	F-ML
		中扁粒	F-M
		中小扁粒	F-MS
	长扁粒	中大长扁粒	OL-ML
		中长扁粒	OL-M
		中小长扁粒	OL-MS
	圆粒	中大圆粒	R-ML
		中圆粒	R-M
		中小圆粒	R-MS
	长圆粒	中大长圆粒	OR-ML
		中长圆粒	OR-M
		中小长圆粒	OR-MS
小粒	长扁粒	小长扁粒	OL-S
		较小长扁粒	OL-XS
		特小长扁粒	OL-XXS
	长圆粒	小长圆粒	OR-S
		较小长圆粒	OR-XS
		特小长圆粒	OR-XXS

注："F"表示扁粒(flat)，"R"表示圆粒(round)，"OL"表示长扁粒(oblong)，"OR"表示长圆粒(obround)，"S"表示小粒(small)，"M"表示中粒(middle)，"L"表示大粒(large)，"X"表示增加(extra)。

在玉米种子加工中，常用长孔筛和圆孔筛进行精选分级，以前文提到的种子厚宽比分离值为基础，设计了玉米种子精选分级筛板及其参数选择表（图 1-7）。图中绿色的区域代表种子的形状为扁粒的组别，蓝色的区域代表种子的形状为圆粒的组别，橙色的区域代表种子的形状为长圆粒的组别，浅粉色的区域代表种子的形状为长扁粒的组别。通过 7 个不同尺寸的圆孔筛，可将玉米种子划分为 8 个大小不同的组别，再结合 11 个不同尺寸的长孔筛，可将种子划分为 4 个不同形状的组别。针对任何大小形状的种子批，只要利用合适的圆孔筛和长孔筛，便可从种子群体中获得对应形状和大小的种子组别，理论上最多可以划分为 24 个组别。

蓝色区域

长孔筛尺寸 /mm	圆孔筛尺寸 /mm								
	>12.0	11.0	10.0	9.0	8.0	7.0	6.0	5.0	<5.0
>8.5	F-XXL R-XXL	R-XL	R-L	R-ML OR-ML	—	—	—	—	—
8.5	F-XXL	R-XL	R-L	R-ML OR-ML	—	—	—	—	—
8.0	F-XXL	R-XL	R-L	R-ML OR-ML	R-M OR-M	—	—	—	—
7.5	F-XXL	F-XL	R-L	R-ML OR-ML	R-M OR-M	R-MS OR-MS	—	—	—
7.0	F-XXL	F-XL	R-L	R-ML OR-ML	R-M OR-M	R-MS OR-MS	—	—	—
6.5	F-XXL	F-XL	F-L	R-ML OR-ML	R-M OR-M	R-MS OR-MS	OR-S	—	—
6.0	F-XXL	F-XL	F-L	F-ML OL-ML	R-M OR-M	R-MS OR-MS	OR-S	—	—
5.5	F-XXL	F-XL	F-L	F-ML OL-ML	F-M OL-M	R-MS OR-MS	OR-S	OR-XS	—
5.0	F-XXL	F-XL	F-L	F-ML OL-ML	F-M OL-M	F-MS OL-MS	OR-S	OR-XS	—
4.5	F-XXL	F-XL	F-L	F-ML OL-ML	F-M OL-M	F-MS OL-MS	OR-S	OR-XS	OR-XXS
4.0	F-XXL	F-XL	F-L	F-ML OL-ML	F-M OL-M	F-MS OL-MS	OL-S	OR-XS	OR-XXS
3.5	F-XXL	F-XL	F-L	F-ML OL-ML	F-M OL-M	F-MS OL-MS	OL-S	OL-XS	OR-XXS
<3.5	F-XXL	F-XL	F-L	F-ML OL-ML	F-M OL-M	F-MS OL-MS	OL-S	OL-XS	OL-XXS OR-XXS

绿色区域　　浅粉色区域　橙色区域

图 1-7　玉米种子精选分级筛板参数选择表

注：绿色区域为扁粒种子；浅粉色区域为长扁粒种子；
蓝色区域为圆粒种子；橙色区域为长圆粒种子

基于上述分级标准的参数和国内现行圆孔筛和长孔筛的规格，我们设计了分级试验装置，该装置包括箱体、种子入口漏斗、筛板、筛板固定装置、电控系统等部件(图 1-8)。不同规格的长孔筛和圆孔筛可按照需求排列在筛板固定装置上,并且容易调整筛板位置,然后在种子入口漏斗加入一定量的未分级种子,开启电控系统,电控系统驱动筛板固定装置产生振动,从而筛动种子,让种子从各个筛板筛过,在长孔筛上留下圆粒种子,在圆孔筛上留下扁粒种子。

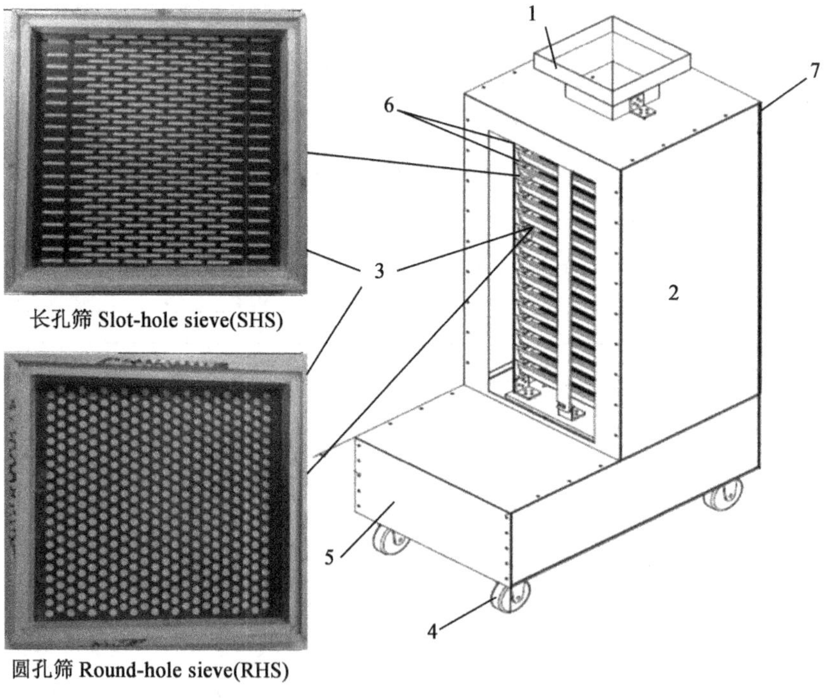

图 1-8 玉米种子分级试验装置

1.种子入口漏斗;2.箱体;3.筛板,不同规格的长孔筛和圆孔筛可按序排列;4.固定轮子;5.电控系统;6.筛板固定装置;7.门

第 2 章　玉米种子精选分级操作指南

2.1　以京科 968 为例设计精选分级工艺

为验证和示范精选分级技术，选取京科 968 杂交种的一个种子批为材料，探究该种子批的最适种子精选分级加工工艺。所用的种子是 2015 年 9 月 17 日收获于北京德农种业股份公司的张掖生产基地，经自然晾晒至含水量达到 12%后，手工脱粒获得的种子，是未经过企业加工的原始种子(顾日良等，2017)。

采用计算机视觉识别技术，扫描获得由该种子批随机选取的 400 粒种子的图像，经 Photoshop 软件处理后，再利用 Seed Identification 软件识别扫描图像，获取图像中种子的长度值、宽度值和厚度值，得到该种子批种子的长度值为 7.90～18.88 mm，宽度值为 5.46～10.14 mm，厚度值为 4.39～9.06 mm。

然后，利用 Excel 软件计算每粒样品种子的厚宽比和宽长比，获得该种子批种子的厚宽比值范围为 0.544～1，宽长比值范围为 0.439～0.994。再利用 SPSS 软件分别对种子的厚宽比值和宽长比值进行聚类分析，获得该种子批的厚宽比分离值为 0.807，宽长比分离值为 0.632。

参考玉米种子精选分级筛板参数选择表(见图1-7),设计目标种子批的精选分级方案。此时应遵循如下原则:先按大小分级、再按形状分级,即在筛板选择时,先让种子通过大尺寸长孔筛将大圆粒种子筛出,依次再通过大尺寸圆孔筛将大扁粒种子筛出,次大长孔筛筛出较大圆粒种子,次大圆孔筛筛出较大扁粒种子,以此类推获得各组别种子。根据该京科968杂交种种子批的宽度值、厚宽比分离值、宽长比分离值,参考玉米种子精选分级筛板选择表(见图1-7),设定精选分级工艺的第一个长孔筛为6.5 mm,紧跟着的圆孔筛是8.0 mm,然后为6.0 mm长孔筛,7.0 mm圆孔筛,5.5 mm长孔筛,6.0 mm圆孔筛,最后用4.5 mm圆孔筛来过滤掉破损粒、特小粒或其他杂质[图2-1(a)]。最终获得整个精选分级的筛板设置工艺,理论上将该种子批分为6个分组共10个级别的种子组[图2-1(b)]。

在玉米种子精选分级过程中,分组越多,则需要的分级操作步骤也越多。过多的操作易对种子造成机械损伤,因此在实际生产加工中应避免过细分级,通常需对精选分级后的各级别进行适当合并归类。合并归类遵循如下原则:种子形状相同、大小相近、发芽率相近并无显著性差异,并兼顾合并后最终各组别种子数相近,一般合并后保留2～6个分组。本示范中将该京科968种子批精选分级的6个分组别并为4个组别(图2-2),即第1分组保留为中圆粒种子组,第2分组也保留为中扁粒种子组,第3和第5分组合并为第3分组,是小长圆粒种子组,第4和第6/7分组合并为第4分组,是小长扁粒种子组(表2-1)。需要注意的是,在第一个长孔筛之前,一般放置一个10 mm或更大的长孔筛,以去掉特大粒;在最后一般用一个4 mm或更小的圆孔筛以兜住特小粒，但特大粒和特小粒都视为非正常种子而舍弃。最后，为保证各级别均有足够的种子用于后续的发芽率测定和种子均匀度分析，对 2 kg 该种子批的种子按照上述工艺进行精选分级，分级后合并为 4 个分组，统计各组别种子数，发现各组别实际种子量与理论种子量间无显著性差别，说明该京科 968 杂交种种子批的精选分级方案是有效的(表 2-1)。

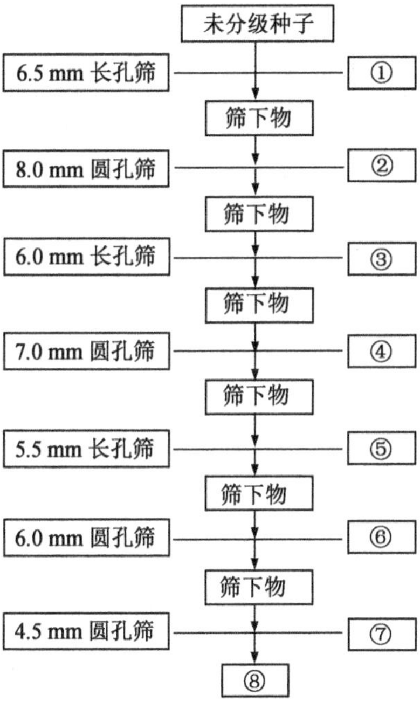

(a)

序号	分组	所属分组	标签
①	中圆粒	中圆粒	R-M
		中大圆粒	R-ML
		大圆粒	R-L
②	中扁粒	中扁粒	F-M
		中大扁粒	F-ML
		大扁粒	F-L
③	小长圆粒	中小长圆粒	OR-MS
④	小长扁粒	中小长扁粒	OL-MS
⑤	小长圆粒	小长圆粒	OR-S
⑥、⑦	小长扁粒	小长扁粒	OL-S
⑧	破损粒、特小粒和其他杂质		

(b)

图 2-1　京科 968 杂交种种子精选分级方案

注：图中的长横线表示相应孔径的分级筛板；①，②，…，⑦，⑧分别表示中圆粒(包括大圆粒、中大圆粒、中圆粒)、中扁粒(包括大扁粒、中大扁粒、中扁粒)、中小长圆粒、中小长扁粒、小长圆粒、小长扁粒、较小长扁粒(包括较小长扁粒、特小长扁粒)、破损粒及杂质。

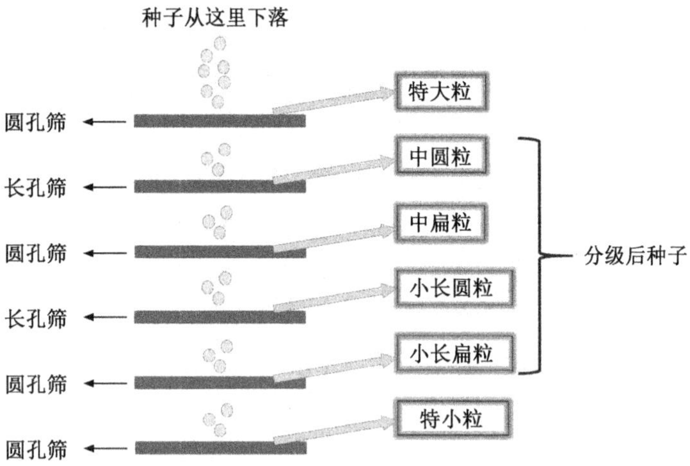

图 2-2　京科 968 杂交种种子精选分级流程

表 2-1　京科 968 种子批样品种子分级分组

分组	中圆粒	中扁粒	小长圆粒	小长扁粒
级别	R-M,R-ML,R-LL	F-M,F-ML,F-L	OR-S,OR-MS	OL-S,OL-MS
序号	①	②	③、⑤	④、⑥、⑦
理论种子量	0.3025	0.2275	0.1325	0.3375
实际种子量	0.3073	0.2102	0.1294	0.3531

使用小型种子精选分级试验筛对种子批进行分级方案设计和验证时，可以根据分级效果进行修正，修正后需再次进行分级验证，直至分级效果明显（分级效果的显著性参考标准见表2-2），得到最终的分级方案，然后再根据最终的分级方案，进行工厂化大批量分级，并在有规律的时间间隔下，抽检分级后各组别种子的分级效果。

表 2-2　分级效果显著性参考标准

项目	分级效果极显著	分级效果显著	分级效果不显著
圆粒种子中扁粒种子数	≤1%	≤5%	>5%
扁粒种子中圆粒种子数	≤1%	≤5%	>5%
各组别间种子大小	无肉眼可见差异	无肉眼可见差异	有肉眼可见差异

2.2　京科 968 精选分级工艺的分级效果验证

将上述分级工艺分级后的 4 个种子分组进行种子活力测定,测定方法采用标准发芽测定法。具体操作如下:先将发芽纸经 121 ℃高温灭菌 30 min,取出后放在塑料盘中,加相应量的灭菌去离子水,充分浸泡 24 h;随机取 200 粒种子分为 4 组,每组 50 粒种子为一个重复;使用消毒液(70%酒精)对操作台面、实验工具以及实验者手部进行消毒;再将一张充分浸透水分的发芽纸平铺在消毒过的操作台面上,整齐摆放 50 粒种子,将另一张发芽纸覆盖在摆放了种子的发芽纸之上;之后将发芽纸较为疏松地卷起来,将卷好的卷纸竖直放入 12 号自封袋中,4 个重复组分别放入 4 个不同的自封袋中;将自封袋垂直放入塑料筐内,置于 25 ℃恒温培养室或发芽箱内光照发芽 7 d。发芽期间,每天检查培养室或培养箱内的温度,保持 12 号自封袋通风,以避免种子发霉;7 d 后测定正常幼苗占检测种子的百分率。

测定结果发现小长扁粒种子的发芽率最高，达到 98%，显著高于未分级种子及其他 3 个分组种子；而中圆粒种子的发芽率最低，仅有 87.5%，显著低于未分级种子及其他 3 个分组的种子；中扁粒和小长圆粒种子的发芽率与未分级种子的发芽率相当（表 2-3）。从种子的大小整齐度来看，分级后各级别种子的整齐度均显著高于未分级种子，此外，分级后的种子百粒重整齐度也显著性提高，这说明上述精选分级方案对种子整齐度有显著提高效果。幼苗形态方面，除了中圆粒组别种子的幼苗平均株高、幼苗株高整齐度与对照组无显著差异外，其他各组别种子的幼苗平均株高、幼苗株高整齐度均显著高于对照组，这表明提高种子整齐度后可使幼苗整齐度也有显著提升。

表 2-3　京科 968 杂交种分级后各组种子的整齐度及幼苗整齐度

分级级别	百粒重/g	发芽率/%	幼苗平均株高/cm	幼苗株高整齐度(1/cv)	百粒重整齐度(s)	种子大小整齐度(Ru 法)
中扁粒	30.57	93.50b	13.90**	10.09**	0.2393*	94.15**
小长扁粒	25.38	98.00a	13.74*	11.85**	0.2087*	94.57**
中圆粒	32.38	87.50c	12.82	7.35	0.2472*	94.13**
小长圆粒	26.44	94.00b	13.64*	9.09*	0.2138**	94.10**
未分级	27.95	94.00b	13.14	6.75	0.5376	89.72

注：“*”表示在 $P=0.05$ 水平下有显著性差异，“**”表示在 $P=0.01$ 水平下有显著性差异；不同小写字母表示在 $P=0.05$ 水平下差异显著；株高是指砂床发芽七天后幼苗的株高。

使用黑龙江省农业机械工程科学研究院的 JPS-12 排种器性能测试试验台，对分级后的种子播种性能进行分析，依据《单粒(精密)播种机试验方法》(GB/T 6973—2005),播种性能采用播种合格指数、重播指数和漏播指数 3 个指标来衡量。先将选用的排种器固定在 JPS-12 排种器性能测试试验台的台架上,以涂有油脂的橡胶带作为种床,橡胶带运转速度模拟播种机田间播种作业的速度,从排种器排出的种子会落在涂有油脂的橡胶带上,在橡胶带的上方有一台排种记录仪,对排种过程中的种子分布进行影像记录,利用计算机视觉技术可将采集的影像转化为相应数据,对数据进行处理分析便可知排种器的排种情况。结果显示,不同组别种子的播种合格指数随着播速的增大而减小,漏播指数和重播指数则随播速增大而增大(图 2-3)。当播速在 3 km/h 时 3 个播种指数在各组别种子间无显著差异,但当播速达到 6 km/h 时,不同组别间种子的播种指数出现了显著性差异,其中,中圆粒组别种子的播种合格指数显著低于对照组(未分级组)和其他组别,而漏播指数显著高于对照组和其他组别,重播指数显著低于对照组和其他组别。小长扁粒组别的播种合格指数显著高于对照组和其他组别,其漏播指数显著低于对照组和其他组别,但重播指数显著高于其他组别和对照组。综合可知,在试验所用型号的排种器条件下,小长扁粒组别种子的播种性能是最好的;由于一个型号的排种器不可能同时适应多个组别的种子,如果根据不同组别种子尺寸参数匹配最佳的排种器,各组别的播种性能均应该能够得到提高。

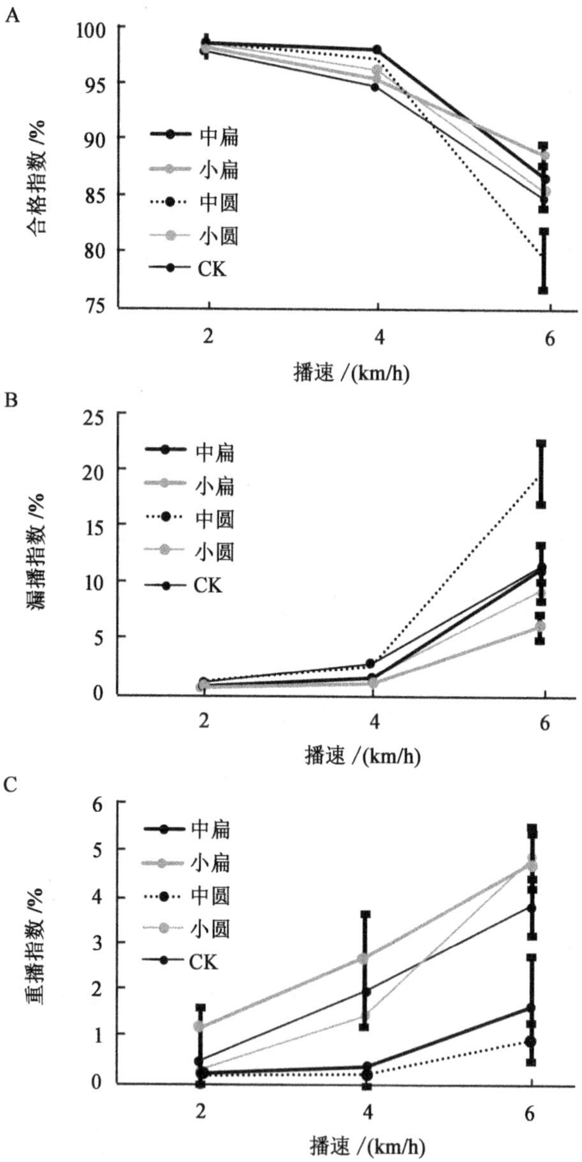

图 2-3　京科 968 种子精选分级前后各组别种子的播种效率

注:CK 为未分级种子的对照组

结 束 语

我国玉米种子质量及精选分级现状

通过研究发现，我国目前市售玉米杂交种种子基本符合国家质量标准，但市售种子精选分级程度较低，种子整齐度较差，这会降低机械化播种的效率。同时，发现在精选分级程度较低的玉米种子中，都有发芽率、活力很高的种子群，但没有通过精选分级将发芽率、活力低的种子群剔除出去，使整体的玉米种子质量较低，从而降低了种子的价值。

基于玉米种子大小和形状划分的精选分级工艺流程

本手册采用 200 多份不同品种不同批次的玉米杂交种种子作为试验材料，通过种子大小、形状相关参数的测量，结合前人的研究理论，探究出玉米种子的 9 级大小划分方案，和基于种子的厚宽比值和宽长比值为指标的 4 级玉米种子形状划分方案。发现不同品种种子的厚宽比分离值与种子平均宽度值存在着显著性负相关，宽长比分离值与种子平均宽度值存在显著性正相关，因此设计了基于宽度值的种子分级筛板组合标准，并提出了与各个级别对应的筛板型号及尺寸，为生产实践提供了理论依据。

精选分级种子的商品特性分析

精选分级后的种子，不同组别的种子在发芽率和播种性能这两项测试中表现出了差异性，并且在种子大小整齐度、百粒重整齐度、株高、株高整齐度等测试中都优于未分级的对照组。精选分级时既考虑了种子的形状和尺寸划分，同时还考虑到不同形状、大小的种子的发芽率、活力等特性，因而在最终的分组中会出现某个组别的种子发芽率显著优于其他组别。不同组别种子的播种性能的差异主要源于不同组别种子的形状、大小的不同，所使用排种器的勺轮尺寸是依据玉米种子的平均参数所设定的，因而在对玉米种子进行精选分级以后，会出现某个组别的播种性能显著优于其他组别。通过对精选分级后种子的相关性状测量可知，精选分级后的各个组别间种子的发芽率、活力性能是有差异的，可指导生产从种子批中选优择优包装出售，从而提高公司生产的种子竞争力。进一步发现精选分级后，不同组别的种子选择相对应的排种器将更有利于精量播种，从而提高播种效率。接下来应着重探究不同组别种子与排种器参数的匹配关系。

参考文献

Gu R, Huang R, Jia G, Yuan Z, Ren L Li L, Wang J. Effect of mechanical threshing on damage and vigor of maize seed threshed at different moisture contents [J]. Journal of Integrative Agriculture, 2009, 18 (7): 1571-1578.

Kaufman L, Rousseeuw PJ. Finding groups in data: an introduction to cluster analysis[M]. New York: DBLP, 1990.

Li L, Hu R, Li L, et al. Physical character-based grading of maize seeds[J]. Seed Science and Technology, 2019, 47 (3): 281-299.

MacQueen JB. Some metheds for classification and analysis of multivariate observation [J]. In Proc. of 5th Berkly Sympasium on Mathematical Statistics and Probabilty, 1967 (1): 281-297

Tao Y, Wen Z. An adaptive spherical image transform for high-speed fruit defect detection [J]. Transactions of the Asae, 1999, 42(1): 241-246.

Zhang T, Ramakrishnan R, Livny M. BIRCH: an efficient data clustering method for very large databases[J]. 1999, 25

(2):103-114.

陈海军,冯志琴,孙文浩.玉米种子加工工艺与设备配置研究[J].中国种业,2010(11):22-24.

陈文艺.种子加工与种子产业化发展的关系分析[J].农业工程技术:温室园艺,2016,36(11):16.

佟屏亚.2014年中国种业要事点评[J].中国种业,2015(1):1-3.

佟屏亚.单粒播种推进玉米产业技术变革[J].农业技术与装备,2011(17):14-15.

樊瑞多,郭玲玲,顾会会.种子分级精选对杂交玉米植株性状和产量及其构成的影响[J].安徽农业科学,2013,41(4):1479,1483.

顾日良,王永强,杨丽维,等.不同成熟度京科968种子活力与种子物理化学特性的关系研究[J].玉米科学,2017,25(5):49-55.

国家统计局.中国统计年鉴:2018[M].北京:中国统计出版社,2018.

郭文忠.美国玉米种子生产及加工技术考察[J].种子世界,2003(11):46-48.

郝建平,杨锦忠,杜天庆,等.基于图像处理的玉米品种的种子形态分析及其分类研究[J].中国农业科学,2008,41(4):994-1002.

韩启杰.玉米种子生产加工技术[J].中国农业信息,2016(9):144,148.

胡晋.种子贮藏加工学[M].北京:中国农业大学出版社,2010.

蒋万启.浅谈玉米种子加工处理技术措施[J].种子科技,2012,30(7):31-32.

李本庆.玉米种子不同粒度对产量的影响[J].种子科技,1992(4):15-16.

李小梅.中国种子产业发展研究[D].陕西:西北农林科技大学,2007.

刘合军,洪玮,张军朝.黄淮海地区夏玉米群体整齐度的影响因素及解决措施[J].农业科技通讯,2016(1):183-185.

刘传才.图像理解与计算机视觉[M].厦门:厦门大学出版社,2002.

毛朝军.目前我国玉米种子"单粒播"现状及发展趋势[J].中国种业,2011(9):29-30.

毛振荣.玉米种子分级播种与产量及质量关系的研究[J].现代农业科技,2010(18):46.

孟庆瑞,齐金伟,黄绪甲,等.玉米单粒播种栽培技术措施[J].中国种业,2009(6):40.

密其华.玉米精密播种机械的发展及应用[J].南方农业,2015,9(36):185-186.

全荣军.玉米精播对种子生产加工的几项要求[J].现代畜牧科技,2010(5):59.

任利沙,顾日良,贾光耀,等.种子出苗率对玉米个体生长和群体产量的影响[J].中国农业大学学报,2017,22(4):10-15.

苏建东,张东昱,杨勇.推动张掖玉米种子品牌战略研究[J].农业科技与信息,2014(22):18-20.

孙海艳，宁明宇，马继光，等. 我国玉米种子市场规模发展浅析[J]. 中国种业，2014(12)：21-23.

孙明涛. 玉米单粒和精量播种对种子质量的要求及其栽培技术要点[J]. 种子，2013，32(4)：120-121.

孙吉贵，刘杰，赵连宇. 聚类算法研究[J]. 软件学报，2008，19(1)：48-61.

孙士明，那晓雁，靳晓燕，等. 不同形态玉米种子分级单粒播种性能试验研究[J]. 农机化研究，2015(7)：171-175.

宋雪，宋碧，钱晓刚. 玉米群体整齐度对产量的影响[J]. 贵州农业科学，2011，39(5)：49-51.

汤浩龙，和炳全. 现代化农业中的种子加工技术[J]. 现代化农业，2012(8)：62-64.

王传宇，郭新宇，温维亮，等. 基于计算机视觉的玉米籽粒形态测量[J]. 农机化研究，2011，33(6)：141-144.

温海江，袁长胜，陈武东. 种子加工技术介绍[J]. 种子世界，2006(5)：66.

吴健康. 计算机视觉基本理论和方法[M]. 北京：中国科学技术大学出版社，1993.

吴晓蓉. K-均值聚类算法初始中心选取相关问题的研究[D]. 长沙：湖南大学，2008.

夏德深，傅德胜. 计算机图像处理及应用[M]. 南京：东南大学出版社，2004.

邢茂德，徐刚，王建华，等. 玉米单粒播种的发展现状与对策[J]. 中国种业，2013(6)：14-15.

徐恩斌. 种子处理分级与精密排种器适应性研究[D]. 淄博：山东理工大学，2014

徐向东，张志国，王立征，等. 浅述密云县玉米单粒播种技术推广及发展前景[J]. 农业科技通讯，2015(12)：7-9.

杨苑. 浅谈种子包装[J]. 种子科技，2009，27(7)：10.

叶献伟. 我国玉米生产全程机械化趋势及种业发展对策[J]. 种业导刊，2014(12)：8-11.

袁双孝. 对提高种子加工与包装技术水平的探讨[J]. 种子科技，2010(9)：8-10.

张希颜，李世成，吕威，等. 玉米种子按粒包装方式试验[J]. 种子世界，2015(8)：15-17.

朱朝华. 河南省杂交玉米种子企业现状与发展策略研究[D]. 郑州：河南农业大学，2008.

张永峰. 玉米田缺苗断垄的原因[J]. 种子世界，2013(3)：37-38.

张迅，卢勇涛. 我国玉米机械化收获现状分析[J]. 农业机械，2017(1)：83-85.

张世煌. 我国玉米产业发展的技术需求[J]. 玉米科学，2008，16(3)：130-133.

周世兵，徐振源，唐旭清. K-means 算法最佳聚类数确定方法[J]. 计算机应用，2010，30(8)：1995-1998.